NOTE

SUR

LES CARACTÈRES

DE LA

VIANDE SAINE ET DE LA VIANDE ALTÉRÉE

PAR

M. C. HUSSON, de Toul

VICE-PRÉSIDENT DE LA SOCIÉTÉ DE PHARMACIE DE MEURTHE-ET-MOSELLE

NANCY

IMPRIMERIE PAUL SORDOILLET, RUE SAINT-DIZIER, 51

—

1881

NOTE

SUR LES

CARACTÈRES DE LA VIANDE SAINE ET DE LA VIANDE ALTÉRÉE

Le pharmacien peut être appelé à émettre un avis sur les qualités de certaines viandes suspectes. Quelquefois un simple coup d'œil suffit pour se prononcer, mais souvent cet examen est plus délicat ; alors on est heureux de trouver un guide qui vous renseigne. Ayant éprouvé ces difficultés, lorsque j'étais chargé, comme pharmacien militaire, de recevoir la viande destinée aux malades, je demande à la Société la permission de résumer les observations que j'ai pu faire et les notes que j'ai recueillies dans mes lectures, surtout dans le savant rapport présenté par MM. Boulay et Nocard au congrès d'hygiène (1).

C'est dans ce travail, écrit de main de maître, que je vais tout d'abord chercher quelques caractères de la viande saine.

« La viande de bonne qualité doit être ferme au toucher ; mais il faut être prévenu des conditions qui peuvent faire varier sa consistance : le froid sec l'augmente, l'humidité la diminue ; la viande est plus molle le jour que le lendemain de l'abattage, tandis qu'après la cuisson, c'est le contraire qui se produit, la viande tuée la veille est beaucoup plus tendre à la dent.

La viande de bonne qualité se coupe facilement et sur la surface de section se dessine une véritable mosaïque formée

---

(1) Le *Journal d'hygiène* de M. le docteur de Pietra Santa et celui de *l'Industrie laitière* de M. Delalonde ont été souvent consultés.

d'une infinité de polygones irréguliers dont chacun répond à la coupe d'un faisceau musculaire et dont les dimensions, variables suivant l'espèce, constituent le grain de la viande.

D'une manière générale, la viande a d'autant plus de qualité que le grain est plus fin et plus serré; toutefois, il faut savoir que le grain varie avec l'âge et avec le sexe du sujet; il est plus fin chez l'animal jeune, plus fin aussi chez les femelles, toutes choses égales d'ailleurs; il varie surtout avec la région qu'occupe la viande sur l'animal vivant.

Le jus de la bonne viande est de couleur rouge vif, sa réaction doit être légèrement acide; le jus pâle, alcalin, indique que la viande provient d'un animal maigre, épuisé, malade.

L'odeur de la bonne viande doit être douce et fraîche.

La coupe de la viande permet encore de voir si la coloration est uniforme, si la viande ne renferme pas d'ecchymoses, d'infiltrations sanguines ou séreuses, elle permet surtout de se rendre compte de la répartition de la graisse. Celle-ci s'accumule dans certains points déterminés, mais elle s'infiltre un peu partout; c'est du degré et de la forme de cette infiltration graisseuse que dépend en grande partie la qualité de la viande; chez le bœuf engraissé à point, la coupe transversale d'un muscle présente sur un fond uniformément rouge vif une arborisation blanche, très touffue, un véritable réseau à mailles très serrées et très délicates, constituant ce qu'en terme de boucherie on appelle *le marbré ou le persillé*.

Le persillé n'est bien visible que dans la viande de bœufs de sept à huit ans, castrés jeunes, bien engraissés, et dans celle de vaches jeunes, engraissées à point et n'ayant pas été épuisées par une lactation prolongée. Il manque dans les viandes de mouton et de tous les jeunes animaux.

Chez le porc, il y a un certain degré d'infiltration graisseuse, mais bien moins accusé que chez le bœuf et constituant plutôt le marbré que le persillé.

L'importance de l'infiltration graisseuse de la viande est considérable au point de vue de ses propriétés alimentaires; non seulement la viande grasse est plus tendre et plus savoureuse, mais surtout elle renferme une proportion bien plus élevée de principes nutritifs; tandis que la viande de bœuf gras ne renferme que 39 à 40 pour cent d'eau, la viande maigre en contient jusqu'à 60 pour cent.

La graisse doit être blanche et ferme.

Elle doit être épaisse autour des reins (rognons).

La moelle des os doit être ferme, solide, blanche, ou jaune beurre frais, très légèrement rosée ; la moelle des os courts est rosée et se fige très rapidement. » (Congrès international d'hygiène, séance du lundi 5 avril 1878.)

M. Mauchère, vétérinaire à Reims, avait déjà indiqué les moyens de reconnaître la viande saine. Voici quelques caractères qui compléteront les précédents : « Les chairs doivent être dans leur ensemble d'une coloration vive et vermeille. Le simple toucher doit donner une sensation de fermeté unie à une légère souplesse ou élasticité. La pression doit faire ressortir un caractère de densité, une sorte de résistance de traction, aucun suintement de suc musculaire ne doit se produire et faire éprouver à la main une impression de froid, d'onctuosité et d'humidité. La palpation des *couvertures* doit être sonore ; celle des viandes séparées des quartiers doit être rude. Lorsque la viande, au lieu d'être ferme, serrée, sèche et résistante, est décolorée, collante à la main, légère et comme spongieuse ; lorsqu'elle s'écrase facilement en laissant suinter une sérosité visqueuse, on dit alors qu'elle est *pissante* ; elle devient impropre à la consommation.

La graisse qui accompagne la chair musculaire doit être ferme, sans diffluence, sèche, crépitante à sa surface et sonore dans les régions où elle s'accumule en plus grande quantité. La fluidité, l'aspect glaireux de la graisse sont des conditions qui doivent faire refuser la viande. Dans ce cas, les régions où existent les dépôts adipeux sont occupées par des amas fluides, visqueux, de teinte synoviale. Le toucher perçoit la sensation d'une tumeur froide, collante ; le tissu cellulo-adipeux qui en est gonflé laisse suinter une sorte de sérosité semifluide ; l'action d'un froid intense ne communique pas de rigidité ou de solidité à ces tissus. »

Dans les instructions données par le formulaire des hôpitaux militaires, on remarque quelques indications qui ne se trouvent pas dans les travaux précédents.

. La manière la plus sûre d'apprécier la qualité de la viande, est-il dit, est l'inspection sur pied qui permet de juger l'âge, l'état de santé, le poids, l'embonpoint de l'animal.

A défaut de ce moyen qui n'est pas entré dans la pratique du service hospitalier de l'armée, il faut exercer sur la fourniture un contrôle d'autant plus sévère que les artifices mis en jeu pour dissimuler la mauvaise qualité de la viande sont nombreux et souvent difficiles à saisir.

Le soufflage doit être prohibé, parce que l'air injecté dans les espaces intercellulaires et jusque dans la trame des organes sert à tromper l'œil du consommateur, à favoriser l'évaporation et à hâter la décomposition des tissus.

Les plèvres et le péritoine doivent être intacts. Si ces membranes ont été enlevées ou grattées, il y a lieu de croire à une maladie dont on a voulu faire disparaître les traces.

En général il faut tenir compte de la température, de l'état hygrométrique, des courants d'air, du temps écoulé depuis l'abattage, du mode de dépeçage, etc. Par exemple, le froid, et surtout la gelée, raffermissent la chair des animaux anémiques ou hydrohémiques, ou des moutons affectés de cachexie, chair qui, à la température ordinaire, est pâle, flasque, humide et gorgée de sérum. L'aspect et la consistance de la graisse varient également avec la température.

Cuite dans l'eau, la chair des animaux cachectiques, bœuf, vache, veau ou mouton, donne un bouillon fade et blanchâtre. Après la cuisson, elle est flasque, gluante, coriace et complètement dépourvue de suc et de goût. Grillée ou rôtie, elle se racornit, devient filandreuse et peu savoureuse. »

Ces caractères permettent d'apprécier les qualités de la viande et d'établir plusieurs catégories.

Les bouchers reconnaissent trois qualités de viande suivant la partie de l'animal d'où elle provient.

Dans la première catégorie sont rangés les muscles des régions fessières, ischiotibiales, sus et sous-lombaires, etc. etc., sous les noms de culotte, tranche, tranche grasse, gîte-à-la-noix, aloyau, filet. Ce sont les muscles les plus épais, les mieux infiltrés de graisse, les plus pauvres en intersections tendineuses ; ils représentent environ 30 pour cent du poids net de l'animal.

La deuxième catégorie comprend les muscles de l'épaule, de la région costale, c'est-à-dire le paletot, le talon de collier, le train de côte, la bavette d'aloyau, elle représente à peu près 25 pour cent du poids net.

Dans la troisième catégorie sont rangés les muscles du cou et de la tête, les muscles abdominaux, la partie inférieure des membres et la queue, sous le nom de collier, plat de joues, ou de côtes, gîte de devant ou de derrière, constituant 40 pour cent du poids net.

L'état pathologique de l'animal fait également varier les qualités de la viande ; aussi MM. Boulay et Nocard voudraient-ils voir établir trois autres divisions.

1º Les viandes saines, de bonnes qualités, en bon état de graisse ; ces viandes sont propres à l'étal et peuvent être mises en vente dans toutes les boucheries.

2º Les viandes insalubres par leurs qualités virulentes, ou par les altérations diverses qu'elles ont subies ; ces viandes ne peuvent sous aucun prétexte servir à l'alimentation ; elles doivent être dénaturées, livrées à l'équarrissage ou à l'industrie.

3º Enfin toutes les viandes qui, incapables de nuire à la santé du consommateur, n'ont cependant pas les qualités requises pour l'étal. Dans cette catégorie se rangent les viandes des bêtes maigres, les viandes de veau trop jeune, celles qui proviennent d'animaux abattus pour cause de maladies et d'accidents graves.

Ces dernières viandes sont mises en vente chez un grand nombre de bouchers, parmi lesquels il s'en trouve qui, séduits par l'appât d'un bénéfice illicite, mais considérable, les mêlent aux viandes de première qualité et les offrent aux clients sans distinction de prix, sans renseignements spéciaux.

La vente de ces viandes ne devrait être autorisée que dans des étaux spéciaux portant en gros carctères cette enseigne : *Viandes de basse boucherie.*

Ainsi les viandes ne seraient vendues qu'à leur juste valeur.

Il est bien entendu que l'étal de basse boucherie devrait être formellement interdit aux hôteliers, restaurateurs, maîtres de pensions, etc. etc.

Ces établissements existent déjà en Allemagne sous le nom de *Freibank* (étal libre) ; ils y ont donné de si bons résultats qu'en Belgique un certain nombre de grandes villes réclament en ce moment l'institution d'étaux analogues.

M. le docteur Delaunay a combattu, au congrès d'hygiène, cette classification de la viande.

Pour lui, la viande grasse n'est pas la meilleure. « Les anatomistes anglais, dit-il, ont démontré que les viandes grasses, celles qui remportent les premiers prix dans les concours de boucheries sont des viandes malades, appartenant à des animaux dont les muscles sont infiltrés de graisse et ont subi une dégénérescence graisseuse. Il est permis de dire que ces viandes ne vaudront jamais, non seulement la viande maigre, celle des animaux sauvages, du gibier, mais même au point de vue de la richesse alimentaire, la viande de cheval.

La classification de la viande en première, seconde catégorie, etc., etc., telle qu'elle est faite dans le rapport est empruntée aux bouchers et n'est point fondée au point de vue chimique. Je dois rappeler à ce sujet les travaux d'un chimiste français, M. de Mène, qui, il y a quelques années, a présenté à l'Académie des sciences un travail très intéressant dans lequel il a donné le résultat de l'analyse de tous les morceaux de viandes vendus aux Halles de Paris. Voici la classification que donne M. de Mène des différents morceaux de bœuf rangés d'après leur richesse en principes azotés :

Faux gîte, tranche, gîte-à-la-noix, cœur, faux filet, cuisse, gîte, épaule, cou, collier, poitrine, joue, culotte, filet, entre-côte, mou, paleron, aloyau, foie, rognon, surlonge, côte longe, langue, queue, cervelle, moelle.

Ainsi nous voyons que presque tous les morceaux les plus chers, comme le filet, l'aloyau etc., sont presqu'au dernier rang de cette classification, tandis que les morceaux de dernière catégorie sont plus riches en principes azotés. Le fameux filet que l'on donne comme l'un des premiers morceaux, ne vient que le quatorzième, tandis que le cœur vient en quatrième ligne. Voilà pour la richesse en principes azotés.

Voici maintenant la classification suivant la richesse en principes hydrocarbonés, ou plutôt suivant la quantité de calories résultant de la combustion de ces principes : moelle, épaule, aloyau, côte longe, langue, queue, cœur, rognon, cuisse, surlonge, gîte-filet, cou-collier, entre-côtes, poitrine, foie, gîte-à-la-noix, faux filet, paleron, mou, tranche, culotte, faux gîte, joue, cervelle. »

M. Delaunay ne me semble pas avoir envisagé la question à son juste point de vue. Sans aucun doute, un animal atteint de dégénérescence graisseuse ne donne pas de la bonne viande, de la viande nutritive. Mais il y a une distance énorme entre cet état pathologique et celui d'un animal sainement engraissé. Il est possible que dans les concours il y ait eu exagération sous ce rapport, peut-être a-t-on couronné des animaux repoussant par leur énormité et par la graisse qui les gonfle. J'avoue que les porcs monstrueux dont le ventre touche terre n'ont rien de bien appétissant. Mais d'un autre côté, tout le monde conviendra que la viande de bœuf finement persillée par la graisse, donne des morceaux plus tendres et plus savoureux que celle d'une vache maigre, dont le tissu filandreux résiste à la mastication.

Quant à la classification de M. de Mène, elle peut être très rigoureuse au point de vue chimique, mais il faut convenir que celle donnée par la pratique lui est bien supérieure. Je suis persuadé qu'à la table des partisans de la classification de Mène on voit plus souvent un morceau de filet que de gîte-à-la-noix ou du cœur. Il ne suffit pas qu'un aliment renferme de l'azote, il faut avant tout qu'il se digère et qu'il s'assimile. L'azote, mais on l'aspire à pleins poumons avec l'air, et certes tout le monde reconnaîtra que *vivre de l'air du temps* est peu substantiel . L'azote ! mais on le retrouve dans la gélatine ; cependant un plat de colle forte est peu reconstituant.

Un beafsteck, une tranche de filet cuit à point est tendre et d'une digestion facile. Mais vient-on le remplacer par un morceau de gîte-à-la-noix ou de faux filet, les personnes les plus accommodantes trouveront une singulière différence ; cette dernière viande est dure et ressemble fort à du cuir. Pour permettre aux dents de la mastiquer et à l'estomac de la digérer on est obligé, avant de la cuire, de la battre longtemps avec un marteau ou le plat d'un couperet et cependant la méprise n'est pas possible.

Dès lors, pourquoi ne pas classer le filet dans une première catégorie et le faux filet dans une seconde.

Les femmes de ménage accepteront sans conteste la classification de M. Boulay et refuseront celle de M. de Mène.

Nous venons de leur donner les caractères d'une bonne viande, il reste à énumérer maintenant toutes les causes qui peuvent modifier ses qualités.

CARACTÈRE DE LA VIANDE SUIVANT L'ESPÈCE ANIMALE. — Tout d'abord il convient de dire que les viandes des différents animaux ne présentent pas les mêmes qualités et les mêmes caractères. Ainsi on peut les diviser en trois groupes :

1° La grosse viande ou viande de boucherie, comprenant celle du bœuf, du cheval, du mouton.

2° La viande blanche dans laquelle on range celles de veau et de porc qui servent plutôt d'intermédiaire entre les deux classes. La chair de volaille constitue particulièrement la viande blanche.

3° La viande noire, qui comprend à peu près tout le gibier, lièvre, bécasse, sanglier.

CARACTÈRES DISTINCTIFS DES VIANDES DE BŒUF, DE VACHE ET DE TAUREAU. — Dans les mêmes conditions d'âge et d'embonpoint, le bœuf se distingue de la vache par une côte moins courbe et plus large et par une excavation plus prononcée du bord postérieur de chaque côte à la face interne. Le bassin est beaucoup plus étroit; les os du pubis sont plus forts, plus durs, mieux soudés ; la pointe de culotte, c'est-à-dire la partie qui correspond à l'ischion, est plus allongée. Chez la vache, on retrouve toujours, sur les parties correspondantes, la trace de ligaments suspenseurs des mamelles.

Le taureau se distingue du bœuf et de la vache par la rotondité des régions musculaires des quartiers antérieurs et postérieurs. La base de l'encolure (collier) est, chez lui, plus volumineuse, plus courte, plus cylindrique. La chair du taureau et du bœuf taurassin (taureau châtré depuis un ou deux mois) est plus rouge, plus dure, d'un grain plus gros, jamais ou très rarement marbrée, d'une odeur forte, caractéristique, rappelant celle du sperme, facile à percevoir, surtout dans les muscles profonds de la cuisse.

Chez le bœuf, le fourreau et les parties environnantes sont garnies d'une plus grande quantité de graisse. Les organes génitaux sont moins développés; mais comme ces organes sont toujours enlevés par le dépeçage, il est impossible de retirer de leur examen aucune indication utile.

Le taureau de quatre à cinq ans, ayant sailli, coupé à cette limite d'âge et engraissé, perd peu à peu ses caractères propres et sa chair prend insensiblement, au bout de quinze à dix-huit mois environ, les qualités de celle du bœuf. Il sera donc plus ou moins facile, suivant l'époque de l'abattage, de distinguer l'origine d'une viande qui proviendrait d'un animal ainsi traité.

Viande de veau. — Le bon veau se reconnaît à la blancheur en quelque sorte nacrée et à la densité de sa chair, qui est à la fois ferme et élastique, à l'aspect mat de sa graisse, qui tranche un peu sur celui des muscles et à l'apparence de sa moelle, qui est consistante, avec un reflet légèrement rosé.

Viande de mouton. — Comme le bon bœuf, le mouton de première qualité doit être recouvert d'une couche de graisse variable en épaisseur sur ses deux faces. Cette graisse, surtout celle des rognons et de la surface interne, doit être blanche. La chair est dense et d'un rouge foncé, le grain en est fin, serré, marbré; elle ne laisse pas écouler de sérum par incision.

Viande de porc. — Pour être de bonne qualité, la viande et le lard de porc doivent provenir d'animaux âgés de plus d'un an. Les meilleurs jambons sont fournis par des sujets âgés de quinze à vingt mois et bien nourris. La viande de première qualité est d'une belle nuance claire, d'un grain fin, bien marbré, adhérente aux os, tendre, savoureuse, riche en jus et d'une odeur agréable. (Formulaire des hôpitaux militaires.)

Viande de cheval. — Depuis une dizaine d'années, la

viande de cheval est entrée dans la consommation. M. E. Decroix, vétérinaire principal de l'armée, a entrepris une campagne énergique en sa faveur, et dans une conférence intéressante faite au Trocadéro pendant l'Exposition, il en a donné les caractères que je vais résumer.

Ceux qui ont de la répugnance pour la viande de cheval lui reprochent d'être trop rouge, quelques-uns disent même noire.

Mais c'est justement ce qui prouve la bonne qualité nutritive. La viande de poulain est comme la viande de veau, de couleur pâle, tendre, agréable, peu nourrissante ; celle du cheval adulte, qui a peu travaillé, ressemble à celle du bœuf adulte dans les mêmes conditions ; celle du vieux bœuf de travail, qui a mangé du foin et de l'avoine, précisément parce qu'il a travaillé, est plus foncée en couleur, plus résistante, moins agréable au goût, mais saine et plus nourrissante que celle des jeunes bœufs.

Quant au cheval, comme généralement on ne l'envoie à l'abattoir qu'à un âge avancé, lorsqu'il a longtemps travaillé, la couleur de sa chair est ordinairement un peu plus foncée que celle du bœuf ; mais, je le répète, c'est précisément une qualité, car cela démontre une viande faite naturellement, sans engraissement artificiel et avec de bons aliments, foin, paille et avoine.

On avait parlé d'élever des chevaux pour la consommation ; ce serait un tort, le bœuf, à ce point de vue, est préférable ; il a l'appareil digestif mieux disposé que celui du cheval pour s'approprier les substances alibiles du fourrage. Toutefois, un poulain, destiné à faire un mauvais cheval, peut être vendu avec avantage comme poulain de lait.

VIANDE DE CHIEN. — Chaque année un nombre considérable de chiens vagabonds sont tués par la police. L'année dernière il y en a eu plus de 14,000, et journellement on en abat plus de 50 par jour. Suivant M. Decroix, on pourrait en utiliser la viande et la donner aux pauvres, qui ne reçoivent de la charité publique pas plus de un à deux kilogrammes de viande par an. M. Bouley, lui, regarde cette viande comme mauvaise. Toutes les personnes, dit-il, qui ont mangé du chien l'ont déclaré détestable ; l'odeur que dégage cet animal, cru ou cuit, est insupportable. M. Decroix se montre moins difficile ; il a fait de nombreuses expériences en Algérie, et il déclare qu'on mange le chien sans aucun dégoût lorsqu'il est accommodé en haricot de mouton, c'est-à-dire avec des pommes de terre, des oignons et des carottes.

Pour terminer ce chapitre, je dirai que M. Zündel, vétérinaire fort distingué de Strasbourg, a indiqué un procédé pour reconnaître l'animal dont provient le morceau de viande à examiner.

« Il faut, suivant lui, hacher la viande, la mettre dans une éprouvette et verser dessus de l'acide sulfurique concentré ; en agitant avec une baguette de verre, on perçoit une odeur rappelant celle qu'exhale l'animal dont elle provient ; pour la vache, c'est l'odeur d'étable ; pour le cheval, l'odeur d'écurie ; l'odeur du porc et du mouton sont un peu moins caractérisées ; ce procédé n'est pas d'une certitude absolue, mais il peut donner d'utiles renseignements en cas de contestation sur la nature d'un morceau quelconque de viande. »

INFLUENCE DE LA RACE ET DU LIEU D'ORIGINE. — Après des expériences comparatives, on a reconnu que le bœuf de la race Salers donnait le meilleur bouillon et qu'il l'emportait sur les autres, en raison de la grande quantité d'osmazone que renferme la viande. Cependant l'Auvergne expédie souvent des veaux appartenant à la race de Salers, qui sont peu estimés.

Les bouchers de Paris recherchent les produits provenant du taureau manceau ou de la vache normande.

Les départements du Loiret, de l'Eure, d'Eure-et-Loir, de Seine-et-Marne, de l'Oise, du Calvados, concurremment avec l'Aube, fournissent au commerce de la boucherie d'excellents veaux présentant, soit les caractères des normands, soit ceux des manceaux.

La France n'est pas seule à alimenter les marchés de Paris. L'importation étrangère est considérable. M. de Felcourt estime peu ces produits étrangers ; cependant les éleveurs américains, avec cette habileté et cette hardiesse qui leur sont particulières, se livrent maintenant à un nouveau genre d'engraissement, spécialement appliqué aux animaux destinés à l'exportation. Dans l'Illinois, par exemple, voici la méthode actuellement employée pour donner de *l'état* au bétail. On sème d'énormes étendues de maïs, qu'on partage ensuite en parcs; on y met d'abord des bœufs; puis quand ils ont pris de la graisse, on les remplace par des porcs, et enfin par des dindons. Tout ce bétail est dirigé vers le port d'embarquement.

Cette question a été débattue au congrès international d'agriculture, et M. de Felcourt, rapporteur, a laissé voir son peu de goût pour les viandes importées.

Les représentants étrangers ont tous protesté, affirmant les bonnes qualités de leurs produits. M. Perrault, représentant du Canada, fit observer que son pays renferme toutes les races anglaises de bétail amélioré, parvenues au plus haut degré de perfection, à tel point que les grands éleveurs anglais viennent aujourd'hui chercher au Canada les meilleures reproductions de leurs races courtes-cornes, et lorsqu'ils payent jusqu'à 200,000 francs deux élèves d'un an, ainsi qu'ils l'ont fait il y a à peine trois mois, il est permis de croire que le bétail du Canada est digne de figurer sur la table du consommateur de Paris. C'est un fait accompli à Londres, où il est fashionable de servir sur sa table des viandes du Canada. « Le rapport affirme que jamais les pays étrangers ne pourront fournir de bœuf mangeable à messieurs les Français; il y a lieu de croire, au contraire, que quand ces messieurs auront fait l'expérience et qu'ils auront passé de la théorie à la pratique, ils changeront d'opinion. »

M. Jules Joubert, représentant de la Nouvelle-Galles du Sud, n'est pas moins affirmatif. Le bétail de son pays compte des millions de têtes appartenant aux races les plus pures. Aujourd'hui, en Australie, dans aucun des *runs* (c'est le mot générique, le mot anglais, qui sert à désigner les propriétés sur lesquelles s'exerce l'élève du bétail), on ne trouve plus de bêtes de race inférieure; elles ont à peu près toutes disparu, et c'est avec les races de premier ordre que les éleveurs pratiquent maintenant l'élevage des moutons pour la laine et des bœufs pour la boucherie.

La pureté des races élevées est telle, que des génisses de la race *duchesse* ont été vendues, le 27 décembre 1877, au prix, par tête, de 2,567 livres sterling (65,145 francs). Aussi, que la traversée de l'Australie en Europe se fasse plus rapidement, qu'au lieu de quarante jours on en mette seulement vingt-cinq, alors l'Australie pourra coopérer à l'alimentation de l'Europe, et sans vouloir faire concurrence aux agriculteurs français, on sera utile au pays, car on pourra livrer des bœufs de première qualité au prix de 0f15 centimes la livre (0f 25 ou 30 centimes le kilog.), et cette viande est certainement supérieure à celle des bestiaux des pampas de l'Amérique du Sud.

M. Bertrand a plaidé la cause des bœufs et des moutons d'Afrique, peu estimés sur les marchés de Paris. Leur petite taille et leur faible poids sont seuls cause de cette défaveur, car dans le Midi de la France, l'importation de notre colonie forme un des appoints importants de l'alimentation.

Tous ces arguments, appuyés quelquefois sur des chiffres éloquents, ne sont pas parvenus à convaincre M. le comte de Tourdonnet et sa réplique est assez vive.

« On nous conserve des viandes, dit-il, par le moyen du charbon, de la glace, de la machine pneumatique; elles nous arrivent sur nos marchés, mais forcerez-vous le goût français à manger de ces viandes ? En Angleterre, c'est un usage universel aujourd'hui ; comme les ouvriers anglais sont excessivement nombreux et que la production anglaise est complètement insuffisante pour leur alimentation, on a adopté dans ce pays tous les moyens d'alimentation, et, avec l'habileté qui les caractérise, ils sont arrivés à manger ces viandes avec goût et plaisir. En France, nous ne sommes pas encore aussi civilisés que cela. Aussi, toutes les fois que vous ne déclarerez pas sur le marché la marque de fabrique, qui doit exister pour le bétail comme pour les eaux-de-vie, les vins et les draps, toutes les fois que vous ferez venir par mer du bétail de la Plata, de l'Australie, des pays lointains, et que vous ne déclarerez pas à l'étal ou à l'abattoir que les viandes viennent d'aussi loin, vous fausserez la marque de fabrique sur les marchés de Paris.

Si la viande est livrée à des prix tellement bas qu'ils constituent une concurrence à laquelle l'agriculteur français ne pourra pas résister, il faut au moins que le consommateur connaisse la provenance et qu'on ne lui fasse pas acheter ce qu'il refuserait s'il en connaissait l'origine. »

A vrai dire, je ne me rends pas compte de cette répugnance pour les viandes étrangères. Il est certain que la viande conservée est inférieure à la viande fraîche ; mais si le bétail nous arrive sur pied, si on parvient à éviter les inconvénients qui résultent d'un long voyage, si l'animal est sain, pourquoi le bœuf du Canada ne vaudrait-il pas celui de Paris.

Pourquoi exigerait-on sur ces produits une étiquette indiquant l'origine de l'animal ?

Ne serait-il pas aussi juste d'exiger sur cette fiche l'âge, la race, le mode d'alimentation de l'animal ?

Quand il s'agit de la bouche, le palais est un bon guide, et le boucher qui livrerait journellement de la viande mauvaise, l'établissement qui chaque jour donnerait un potage détestable, s'exposeraient fort à perdre bientôt leur clientèle.

Les catégories s'imposent aux bouchers.

Quant aux restaurateurs, on ne peut exiger que celui qui fournit à l'ouvrier un repas complet pour un franc donne des aliments de même qualité que le maître d'hôtel faisant payer son dîner dix francs par tête.

Sans doute l'introduction des viandes étrangères a ses dangers que nous examinerons plus loin. Une surveillance active est nécessaire au départ et à l'arrivée du bétail. Mais si l'animal est sain, bien engraissé, il n'y a pas lieu de le soumettre à une réglementation particulière.

Cette atteinte à la liberté n'a pas selon moi sa raison d'être.

Influence de l'âge et de l'alimentation. — Pour que la viande soit de bonne qualité, il importe que l'animal dont elle provient ne soit ni trop vieux, ni trop jeune.

Il est incontestable que la viande provenant d'un vieil animal a perdu une partie de ses qualités ; elle est dure et se digère difficilement, mais en somme elle peut encore servir à l'alimentation, seulement elle doit être vendue comme viande de qualité inférieure à un prix en rapport avec ses qualités réelles.

Il n'en est plus de même des viandes trop jeunes qui souvent sont nuisibles à la santé.

Cependant aujourd'hui l'amour du lucre est tel qu'il est vendu une quantité énorme de viandes non faites, de la viande de jeune bœuf se rapprochant beaucoup plus du veau que du bœuf arrivé à l'âge de maturité, ou de la viande d'animaux engraissés prématurément à outrance.

Il n'est pas jusqu'aux avortons retirés du ventre des vaches abattues dans les boucheries qui ne soient utilisés. Sans doute on ne les expose pas sur l'étal d'une boucherie, car pendant la vie fœtale, la viande du veau est mollasse, gélatineuse et violacée, mais on l'emploie pour garnir les pâtés de certains confiseurs peu scrupuleux.

Si les fœtus ne figurent pas dans les boucheries, on y vend du veau à tous les âges; souvent il en est livré à la consommation quinze à vingt jours après la naissance. Alors il provoque la diarrhée, sa viande pourrait même être recommandée comme laxatif, elle donnerait un excellent bouillon de veau.

Pour fournir un aliment passable il faut que l'animal ait au moins dix semaines; il n'acquiert toute sa finesse qu'à l'âge de deux ou trois mois.

M. Villain, médecin-vétérinaire, inspecteur des boucheries de Paris, indique dans sa médecine dosimétrique les moyens de reconnaître l'âge du veau dont la viande est livrée à la consommation.

« A terme, écrit-il, la viande de veau est assez belle et pourrait induire en erreur si ce n'était l'étude tirée du gras, qui présente alors des granulations fines, très rapprochées, comparables, comme un vieux praticien a pu le dire, au lait tourné.

A partir de ce moment jusqu'au huitième jour, les veaux de lait sont affreux, leur graisse si belle à la naissance a pris une teinte bistre, le petit a purgé la mère, pour nous servir d'une expression consacrée, et ce n'est qu'après trois semaines que la graisse reprend sa couleur et sa consistance suiveuse. Enfin le grain de la viande se dessine; les articulations grossières et volumineuses jusqu'alors prennent leurs caractères normaux; la teinte bleue des surfaces articulaires

se prononce davantage, et, particularité remarquable, le rein, de rouge foncé qu'il était, devient rose. »

La nourriture a aussi une grande influence sur les qualités de la viande. Le veau nourri exclusivement avec le lait de la mère a une chair blanche et savoureuse. Celui qui est engraissé à l'aide de moyens artificiels est moins bon et' donne une chair beaucoup plus rouge.

Aussi les qualités de la viande varient-elles suivant les localités.

La chair du veau de Paris est bien supérieure à celle du veau d'outre-Rhin.

Le veau de la Champagne donne une viande encore plus délicate que celui des fermes des environs de la capitale, tandis que celui qui est mangé à Lyon et en Bretagne est généralement fort mauvais.

Ces différences s'expliquent facilement

En Allemagne, par suite de la misère, on livre à la boucherie des veaux de quinze jours à trois semaines. On en fait autant en Bretagne pour utiliser le lait. Les choses se passent de la même manière à Lyon, dans l'intérêt de la boyauderie.

La viande de veau est parfaite en Champagne parce qu'on le nourrit exclusivement de lait pendant plusieurs mois.

Elle est bonne quoique moins savoureuse dans les environs de Paris, parce qu'à partir de trois semaines on donne au veau une alimentation mixte et qu'on unit le lait aux panades, au riz, aux œufs et même au son et au foin.

Aussi les bouchers de Paris recherchent-ils surtout les veaux du Loiret, du Gâtinais et de la Champagne.

Une partie de l'Aube et de la Seine-Inférieure livre au commerce des veaux débilités par une mauvaise alimentation que l'on désigne sous le nom de *gournageux*.

Ce que nous venons de dire du veau s'applique au porc. Sans parler du cochon de lait qui donne des gelées excellentes, le porc n'est réellement bon qu'à partir d'un an, cependant la plupart des charcutiers vendent du porc de six mois. La nourriture a également une grande influence sur la qualité de cette viande ; les porcs nourris dans les villes avec les débris des abattoirs, des triperies, des établissements d'équarrissage sont bien inférieurs à ceux qui sont élevés dans les campagnes avec du grain, des pommes de terre et du petit lait.

Le chevreau est abattu beaucoup trop jeune ; c'est là une exigence des fabriques de gants glacés qui demandent des peaux de chevreaux sacrifiés quelques jours après leur naissance ; aussi divise-t-on ces animaux en deux classes :

Les têtards, qui sont tués à la mamelle, ayant quinze ou trente jours au plus ; donnant de très beaux gants, mais fournissant une viande détestable, molle, gélatineuse ; n'ayant ni âge, ni muscle, ni graisse.

Les broutants, âgés de trois à quatre mois, qui donnent une peau imprégnée de sels calcaires, mais par contre, fournissent une viande excellente, ferme, à graisse blanche.

L'agneau est rarement livré trop jeune à la boucherie ; on n'a aucun intérêt à le faire.

INFLUENCES DE L'ÉTAT PATHOLOGIQUE.

Pour traiter cette question je me reporterai de nouveau au remarquable rapport de MM. Bouley et Nocard. Je voudrais le reproduire en entier, mais le cadre de ce travail m'oblige à le résumer.

Les viandes des animaux qui succombent à une maladie inflammatoire aiguë pourraient être mangées impunément ; mais elles présentent les caractères des viandes *saigneuses* et, par conséquent, elles s'altèrent rapidement.

On est donc en droit de défendre le colportage des viandes *fiévreuses* aussi bien que celui des viandes *saigneuses*.

Quand l'animal a succombé à une affection chronique, la viande présente, au contraire, tous les caractères des viandes maigres. Mais certains états pathologiques viennent augmenter les mauvaises qualités de la viande.

Dans la cachexie aqueuse, dans les hydropisies générales, a viande est pâle, molle, friable, infiltrée, gluante ; elle acquiert, en outre, une coloration jaune-verdâtre repoussante dans les maladies de foie accompagnées d'ictère.

La pleurésie, la péritonite, l'entérite diarrhëïqae, la métrite, la métro-péritonite, même en dehors des complications si fréquentes de gangrène et de septicémie, se traduisent sur les viandes par ces mêmes altérations qui s'opposent à leur mise en vente.

La rétention d'urine, la rupture de la vessie, l'urhémie donnent à la viande une teinte lavée, terne, plombée, violacée, une odeur pénétrante d'urine ou d'ammoniaque, d'autant plus accentuée que les morceaux proviennent d'une région plus rapprochée de la cavité pelvienne; ces viandes doivent être éliminées absolument de la consommation.

Dans la paraplégie, la viande présente souvent les caractères des viandes saigneuses, si l'animal n'a pas été sacrifié dès le début de la maladie.

Le météorisme et l'asphyxie donnent aux viandes tous les caractères des viandes saigneuses; la viande a une coloration noirâtre et s'altère avec la plus grande rapidité!

Bien plus, les recherches de M. Signol ont démontré que le sang des animaux tués par asphyxie acquiert, en moins de vingt-quatre heures, des propriétés septiques transmissibles par inoculation.

Il est donc nécessaire d'interdire le colportage de la viande des animaux morts asphyxiés.

MALADIES VIRULENTES.

Parmi les maladies virulentes des animaux de boucherie, il en est qui ne se transmettent pas à l'homme; la viande de cette provenance, quoique de qualité inférieure, peut donc être livrée à la consommation.

D'autres ne sont transmissibles à l'homme que par l'inoculation. La rage, par exemple, ne se communique que par l'inoculation de la salive. Donc, si on n'avait à craindre les terreurs qu'inspirent au consommateur l'idée d'avoir mangé la viande d'un animal enragé, on pourrait en permettre la vente, à la condition, toutefois, que cette viande soit en bon état et que l'animal ait été saigné avant la fièvre et l'asphyxie. Enfin, dans un certain nombre de maladies, le contage est généralisé dans tous les liquides et les tissus de l'animal; dans ce cas, la vente de ces viandes doit être interdite.

PESTE BOVINE ET TYPHUS. — La viande des animaux atteints de ces maladies ne présente pas de caractères particuliers; on peut en autoriser la mise en vente quand l'animal a été sacrifié prématurément, avant que la maladie ait produit de profondes altérations physiques et chimiques.

PÉRIPNEUMONIE CONTAGIEUSE. — FIÈVRE APHTEUSE. — Ce qui a été dit sur le typhus s'applique exactement à ces maladies.

PHTISIE TUBERCULEUSE. — La phtisie tuberculeuse est peut-être l'affection la plus commune parmi les animaux de l'espèce bovine ; elle atteint particulièrement les vaches laitières qui vivent dans des étables où trop souvent les lois de l'hygiène ne sont pas observées.

On est en droit de se demander si la tuberculose, tellement fréquente chez les hommes qu'à Paris, sur 100 morts, il y en a 30 qui lui sont dues, ne prendrait pas sa source dans la consommation de viande d'animaux phtisiques.

On comprend dès lors que cette grave question ait appelé l'attention des savants. En France, elle a donné lieu aux remarquables travaux de MM. Colin, Villemin, Chauveau, Belier, Liouville.

Les résultats obtenus ont été contradictoires, cependant il reste bien établi que l'ingestion et surtout l'inoculation de tubercules peuvent provoquer des affections graves. Mais ce danger disparaît lorsque la viande a été suffisamment cuite.

« Aussi, l'appréciation d'une bête tuberculeuse exige un sérieux examen que l'on peut baser sur les considérations suivantes :

» Si l'affection est généralisée, si l'on rencontre partout des tubercules, si les viscères en sont farcis : poumons, plèvres, péricarde, péritoine, foie, rate, reins, ganglions, etc.; si surtout l'infiltration tuberculeuse a gagné les ganglions intermusculaires et les muscles eux-mêmes, il est bien certain que dans ce cas la viande doit être saisie et détruite ; alors même que la lésion spécifique ferait défaut ou passerait inaperçue, la maigreur, l'infiltration, la consistance de la viande la rendrait impropre à la consommation.

» Mais quand la pommelière est localisée aux organes de la cavité thoracique, quand l'animal est resté en bon état, que le tissu musculaire est de bonne qualité, rouge vif, ferme, suffisamment infiltré de graisse, qu'il ne présente en aucun point des granulations ou des ganglions tuberculeux ; dans ce cas, il est évident qu'on doit permettre la consommation de la viande ; toutefois, cette autorisation sera subordonnée à la condition d'enlever et de détruire toutes les parties envahies par l'élément tuberculeux. »

CLAVELÉE. — La viande des moutons atteints de cette maladie ne présente aucun caractère particulier et peut être considérée comme saine, à moins qu'il s'agisse d'une clavelée confluente.

Quand la viande est remplie de sérosité jaunâtre, quand elle est gélatiniforme, parsemée de taches ecchymotiques diffuses, alors elle est impropre à l'alimentation et doit être saisie.

MALADIES PARASITAIRES.

AFFECTIONS CHARBONNEUSES. — Le charbon, d'après les belles expériences de M. Pasteur, a pour cause unique la multiplication dans les tissus organiques, liquides ou solides, d'un être inférieur (la bactéridie de Davaine ou le *bacillus anthracis*, Cohn). Ce germe, qui se présente sous forme de petits bâtonnets immobiles, se rencontre surtout dans le sang, où il dispute l'oxygène aux globules qu'ils déforment, de telle sorte, que ceux-ci deviennent ridés, étoilés, déchiquetés sur leur contour. On comprend que la mort soit rapide et que le vibrion septique (être anaerobie) apparaisse dès que le sang est privé d'oxygène.

La viande charbonneuse, cuite, peut être mangée par l'homme.

Il semble même résulter des expériences de M. Colin que l'action du suc gastrique sur la viande et sur le sang charbonneux crus suffit pour anéantir leur virulence et pour rendre inoffensive leur inoculation.

Toutefois, la manipulation de la viande charbonneuse est loin d'être sans danger, et les statistiques démontrent que la pustulé maligne se développe dix-neuf fois sur vingt chez les personnes que leur profession oblige à manipuler les cadavres ou les débris charbonneux.

Dès lors, on comprend qu'il suffirait de la moindre lésion dans la bouche pour provoquer des accidents très graves aux personnes qui ont l'habitude de manger rosbif, bifteck, gigot cuits à la mode anglaise ou saignante. Car, il résulte des expériences de M. Boutet, vétérinaire très distingué de Chartres, que le jus de viande conserve, dans ces conditions, toutes ses qualités virulentes.

Or, les nombreux cas de pustules malignes que l'on observe sur les porteurs de viande aux halles centrales, prouvent qu'il se vend trop souvent des viandes charbonneuses.

La viande des animaux charbonneux se putréfie avec la plus grande facilité ; elle est d'un rouge foncé, d'une telle mollesse qu'elle ressemble à de la viande cuite. Elle est gorgée d'un sang noir, boueux, ne devenant pas rouge au contact de l'air et colorant les mains comme une véritable teinture.

En cas de doute, il suffirait pour les lever d'inoculer le jus de la viande suspecte à un lapin ou à un cobaye. Les symptômes provoqués par l'inoculation, les lésions viscérales trouvées à l'autopsie du sujet d'expérience permettraient d'établir avec la plus grande sûreté le diagnostic de la maladie originelle.

Septicémie. — Cette maladie, d'après M. Pasteur, est provoquée par un être anaerobie qui apparaît au microscope sous la forme d'un fil allongé translucide animé de mouvements rapides, flexueux, rampants, qui cessent rapidement au contact de l'air.

« Chez les animaux de boucherie, la septicémie complique ordinairement la métrite, la non-délivrance, la péripneumonie, les grands traumatismes, ou survient à la suite de l'inoculation préventive.

» La viande de l'animal atteint de septicémie est molle, noirâtre, avec reflets jaune-verdâtres, irisés. Elle est très friable, elle exhale une odeur fétide de sulfhydrate d'ammoniaque. La graisse est molle, rougeâtre, le sang est noir, boueux et colore les mains en violet. »

Trichinose. — D'après M. Colin, un kilogramme de porc trichiné peut contenir jusqu'à cinq millions de trichines enkystées, dont chacune introduite dans le tube digestif s'y développe, y devient sexuée et y verse, en cinq ou six jours, plus de cent embryons qui perforent la muqueuse intestinale, pénètrent à l'intérieur des capillaires et se laissent emporter dans le courant circulatoire, jusque dans l'épaisseur des muscles, où ils se fixent, se creusent une loge et s'enkystent, jusqu'au jour où ils trouveront un milieu favorable à l'évolution de la deuxième partie de leur existence.

La trichine est rare en France.

Leuckart, en centralisant les statistiques des villes où l'inspection microscopique a été organisée contre la trichinose, a noté qu'à Gotha on trouvait un porc trichiné sur 1/800 ; à Hall, 1/300 ; à Schwerin, 1/550 ; à Copenhague, 1/465 ; à Rostock, 1/340 ; à Stockholm, 1/266 ; à Kiel, 1/260 ; à Lienkoping (Suède), 1/63.

En Amérique, la trichinose serait encore plus fréquente ; à Chicago, sur 1,400 porcs examinés on en trouva 28 infectés c'est-à-dire 1/50 ; sur 200 jambons importés d'Amérique en Suède, il y en avait 20 trichinés, c'est-à-dire 1/10.

Il faut rechercher la trichine spécialement dans les muscles du diaphragme, des masséters, des muscles laryngés, des intercostaux, des muscles de l'avant-bras et de la jambe ; on fait à l'aide de ciseaux fins, de minces coupes dans le sens des fibrilles et le plus près possible de leur terminaison. Ces coupes sont étalées sur une plaque de verre, au centre d'une goutte d'eau, dilacérées à l'aide d'aiguilles imbibées d'acide acétique ou de glycérine, recouverte d'une lamelle et mises au point.

Si la viande est trichinée on aperçoit le *trichina spiralis* cylindrique, filiforme, long de 1 millimètre, un peu effilé vers l'extrémité buccale. Sa peau, assez épaisse, est homogène, transparente, ridée transversalement. On l'observe quelquefois en kystes dans de petites granulations calcaires,

dont le milieu est occupé par *la trichine roulée en spirale.*
(Figure 182 du *Dictionnaire des falsifications* de MM. Chevalier et Baudrimont.)

Dans ces derniers temps, un savant russe, M. Tikhomiroff, a décrit une méthode de dissociation des fibres musculaires destinée à faciliter la recherche des trichines. La viande suspecte est coupée en petits fragments, puis mise à digérer pendant une demi-heure dans un mélange de quatre parties d'acide azotique pour une de chlorate de potasse ; il suffit ensuite de porter les fragments de muscle dans un flacon rempli d'eau distillée et d'agiter avec force ; les muscles se dissocient en fibrilles très minces dont quelques-unes présentent sur leur longueur des renflements fusiformes assez facilement perceptibles, même à l'œil nu, et qui ne sont autre chose que des trichines enkystées, ainsi que permet de s'en assurer le plus simple examen microscopique.

Quoi qu'il en soit, cette méthode restera toujours un procédé de laboratoire.

Pour que les trichines soient entièrement détruites, la cuisson de la viande doit être poussée jusqu'à ce que toute l'épaisseur du morceau de viande ait pris une teinte grise et que le jus qui s'écoule de la section de viande ait perdu tout reflet rougeâtre.

Ladrerie du porc. — « Les caractères qui permettent de reconnaître la viande de porc ladre sont très difficiles à saisir pour tout autre qu'un spécialiste ; la chair et la graisse ont le même aspect, la même consistance que dans l'animal sain ; ce n'est qu'avec une grande attention qu'on peut reconnaître, entre les faisceaux des fibres musculaires, les cysticerques qui se présentent, dans la viande fraîche, sous forme de petits kystes de 4 à 5 millimètres de diamètre, demi-transparents, avec une tache blanche opaque sur un des côtés et, dans la viande salée, sous forme de petits corps arrondis, rosés, du volume d'un grain de mil, constitués par le scolex enveloppé de la membrane du kyste dont le liquide a disparu.

Si l'animal est vivant, la maladie peut être reconnue à l'examen de la face inférieure de la langue, dont la fine muqueuse est soulevée de place en place par les vésicules transparentes qui constituent les cysticerque ladriques ; cette opération connue depuis fort longtemps sous le nom de langauyage est obligatoire sur un grand nombre de marchés de porcs.

« Les porcs contractent cette maladie en avalant les œufs du ténia solium ou ver solitaire. Pendant leur trajet dans l'intestin ils éclosent en donnant naissance à un embryon court, sans articulations, muni de six crochets, à l'aide desquels il se fraye un passage à travers les tissus pour s'y enkyster et constituer cet être de transition nommé *scolex*. Celle-ci est une petite vésicule A logeant dans son intérieur un prolongement qu'il fait saillir et qui porte la tête de l'animal B. Cette tête C, presque identique avec celle du ténia à l'état parfait, est armée comme elle de ventouses et de crochets D (fig. 181.) Cette vésicule qui constitue le cysticerque du cochon (*cysticercus cellulosæ*), n'est qu'un des états de formation du ténia. Contenue dans la chair du porc, elle y vit à l'état latent, mais lorsque cette chair vient à servir d'aliment à l'homme, le scolex se développe chez celui-ci, atteint son état parfait et forme le ver solitaire ». (Chevalier et Baudrimont.)

Ladrerie du bœuf. — Cette affection a pour cause la présence dans les muscles de cysticerques du ténia inerme de l'homme (*teniæ mediocanellata*) ; cette affection a été très-rarement observée au moins en France. Jusqu'ici MM. Cauvet et J. Arnould ont pu, seuls, recueillir sur le bœuf ce cysticerque dont le scolex a tout a fait les caractères de la tête du ténia inerme dont on connaît mieux l'histoire et que l'on observe bien plus fréquemment depuis que l'usage thérapeutique de la viande de bœuf crue ou saignante s'est généralisée.

ALTÉRATIONS DUES AUX POISONS ET AUX MÉDICAMENTS. — Le traitement des différentes maladies que nous venons de signaler exige l'emploi de poisons et de médicaments. Lorsque les animaux sont sacrifiés pendant la médication, la viande doit être rejetée, malgré les assertions de M. Decroix. Cet ardent défenseur des viandes malsaines prétend qu'on peut manger impunément de la viande d'un cheval morveux auquel on a donné de l'arsenic jusqu'à empoisonnement.

« Je n'irai pas jusqu'à dire qu'il faille manger de la viande viscérale, le foie, le cœur, mais pour ce qui est de la viande musculaire, je déclare que je ne me laisserai jamais mourir de faim à côté d'un animal mort de cette façon. »

Il m'est impossible de partager la confiance de ce savant, car dans la médecine vétérinaire l'arsenic s'administre à forte dose, un à deux grammes par jour, et cela pendant longtemps. Or l'arsenic s'élimine fort lentement et si ce poison se localise particulièrement dans le foie, le cerveau et certains organes, il résulte des belles expériences de M. Ritter qu'on en retrouve partout, dans les muscles et même dans les os. Il est donc impossible de tolérer la vente d'animaux ayant suivi un régime arsenical.

M. Barette, vétérinaire distingué, a observé sur des veaux deux cas d'empoisonnements à la suite de lotions de tabac. Ayant soigné les animaux avant que la mort arrive, il a pu manger la viande sans inconvénient.

Mais il est certains médicaments qui laissent à la chair une odeur et un goût désagréables qui paraissent décuplés par la cuisson ; par exemple l'éther, l'ammoniaque, l'assa fœtida, le camphre et l'essence de térébenthine. Les animaux qui ont été traités par ces substances ne peuvent servir à l'alimentation.

INFLUENCES ATMOSPHÉRIQUES.

La viande la plus saine peut subir sous l'influence de l'air des altérations qui la rendent impropre à l'alimentation.

On trouve encore sous ce rapport des renseignements précieux dans le travail de MM. Bouley et Nocard.

« L'action directe du *soleil* sur la viande la dessèche, la noircit, la ratatine, lui forme une véritable croûte sous laquelle la viande est intacte, sauf une petite quantité d'eau qu'elle a perdue par évaporation ; pour ne pas perdre sa marchandise, le boucher sait fort bien la décortiquer, la dépouiller de cette enveloppe noire, sèche et coriace, sous laquelle la viande a conservé tous ses caractères de saineté et de fraîcheur. »

Dans plusieurs expériences, ayant placé dans un ballon de verre un morceau de viande fraîche suspendue par un fil, puis l'ayant exposé en plein soleil après avoir fermé la tubulure, on voit l'eau, distillée en quelque sorte, tapisser les parois et venir enfin se déposer au fond du vase. Au bout de vingt-quatre heures, cinq grammes de viande avaient perdu plus du tiers de leur poids. La perte se retrouve dans l'eau recueillie.

« *Le vent sec et froid* produit à peu près les mêmes effets ; sous une croûte sèche et noire, la viande a conservé sa couleur rouge vif, sa fermeté, son odeur douce et fraîche ; il semble même que la dessiccation de la couche superficielle mette les couches profondes à l'abri de la fermentation , et les bouchers savent utiliser cette action de l'air sec , en plaçant leurs viandes dans un fort courant d'air pour les conserver pendant l'été.

» *Le vent humide et chaud, les pluies, les brouillards,* produisent l'effet contraire ; sous leur influence, la viande devient brune et molle et prend une odeur fade ou aigre (odeur de relent) qui marque le premier stade de la décomposition.

» Le froid sec est le temps qui convient le mieux pour la conservation de la viande ; il ne faut pas cependant qu'il descende jusqu'au degré nécessaire pour la congeler ; car au dégel cette viande se corromprait très facilement. »

Suivant quelques chimistes la fermentation putride est accompagnée de réactions chimiques très importantes au point de vue de l'hygiène.

Ainsi M. Solmi a retiré des viandes en putréfaction deux corps présentant tous les caractères des alcaloïdes. Ils sont analogues aux ptomaïnes. L'un d'eux est volatil, l'autre solide est susceptible de cristalliser. Ce dernier inoculé à des animaux a déterminé des accidents toxiques.

MM. Brouardel et Boutmy confirment ces expériences et citent dans *l'Union médicale* plusieurs cas d'empoisonnements qu'ils attribuent aux ptomaïnes. On a constaté, disent-ils, que douze personnes, qui avaient dîné avec une oie corrompue et renfermant une ptomaïne liquide analogue à la codéine, ont éprouvé tous les symptômes d'un grave empoisonnement; l'une d'elles a même péri en quelques heures après des nausées et des vomissements nombreux et sans qu'il existât un autre fait que l'absorption de la ptomaïne pour expliquer la mort. Il n'est même pas nécessaire d'un temps considérable pour que les ptomaïnes prennent naissance, puisque dans ces derniers exemples l'oie avait été achetée au marché le matin même du jour où a eu lieu l'empoisonnement et avait subi l'inspection réglementaire.

MM. Bergeron et Lhôte ont contesté l'existence de ces alcaloïdes. Je crois également qu'il y a bien des réserves à faire à ce sujet; quoi qu'il en soit, je conseillerai beaucoup de prudence à ceux qui voudront répéter les expériences de M. Decroix et expérimenter sur eux-mêmes les viandes en putréfaction.

Quand la viande se putréfie, elle prend une odeur repoussante caractéristique, elle devient molle, friable, d'une couleur pâle, lavée ; le tissu cellulaire prend des teintes verdâtres; il est gonflé et comme insufflé de gaz infects. — La putréfaction commence surtout près des os et des amas de graisse, dans les interstices musculaires, là où l'air et les germes qui y sont en suspension ont un plus facile accès.

Dans tous les cas une viande suspecte doit toujours être rejetée de l'alimentation. Quelquefois la putréfaction est précédée d'un autre phénomène qui offre également de l'intérêt. Je veux parler de la phosphorescence de la viande.

Un fait de ce genre a été signalé à Padoue en 1592, par Hieronimus Fabricius.

M. Nuesch, dans le journal de pharmacie du mois de janvier 1879, rapporte un autre exemple remarquable de phosphorescence. Dans une boucherie, la viande destinée à la préparation de saucisses devint subitement lumineuse dans la nuit du vendredi saint. Ce phénomène s'est propagé sur tout le reste de la viande. Un os frais fendu dans le sens de la longueur avec un couteau qui servait à couper les viandes phosphorescentes est également devenu lumineux.

Par contact on a pu rendre phosphorescentes les viandes de chats, lapins, chiens, oiseaux, grenouilles.

M. Nuesch a constaté que non-seulement la chair, mais encore le foie, les poumons, le cœur, les reins, les intestins, le cerveau, la moelle épinière devenaient phosphorescents sur toute leur surface.

La viande cuite ne produit pas ce phénomène.

Dans le local de la boucherie, la viande fraîche devenait phosphorescente après sept à huit heures. Le phénomène cesse dès que la viande sent et se putréfie. A ce moment le bacterium termo apparaît.

M. Nuesch semble attribuer la phosphorescence de la viande à une espèce particulière de bactérie qui est tuée par les antiseptiques et par le bacterium termo.

Ces phénomènes de phosphorescence qui se voient rarement sur la viande de boucherie s'observent au contraire plus communément sur la chair de poisson de mer; j'ai pu les étudier sur un homard avec le concours de M. le docteur Bancel. Je ne veux pas reproduire ici ce travail en entier, je prends seulement les passages principaux.

Le homard phosphorescent placé dans une chambre dont la température dépasse 10° perd rapidement son éclat, soit parce qu'il se dessèche, soit parce qu'il se putréfie.

Dans une chambre froide au contraire, dont la température n'est jamais supérieure à 2°, la viande reste parfaitement lumineuse. Bien plus, en la plaçant dans un récipient entouré d'un mélange réfrigérant, la phosphorescence persiste, en diminuant peut-être un peu d'intensité; mais une fois sorti de ce milieu, la phosphorescence devient plus vive et plus persistante.

Le résultat de ces expériences est inverse de celles de Matteucci. Nous avons également observé des divergences dans les recherches qui suivent. L'azote, l'oxygène exerçent peu d'influence sur la viande phosphorescente. L'hydrogène rend la lumière plus bleue.

Dès que l'acide carbonique arrive en contact avec le homard, les lueurs bleues deviennent jaunes tout d'abord et disparaissent pour revenir dès que l'air rentre dans l'appareil.

L'examen microscopique avec un grossissement de 800

diamètres montre des bactéries et de petites cellules d'un jaune roux qui ont une certaine analogie avec celle de la neige de sang *(protococcus nivalis)*.

. Enfin nous avons terminé ces recherches par une observation qui a une certaine importance.

Nos expériences étant faites au mois de janvier, à une époque où les jours sont très courts, le matin, vers huit heures, et le soir, vers cinq heures, en plaçant le homard dans un endroit obscur, la phosphorescence apparaît aussitôt.

Si on répète cet essai dans la journée, à neuf heures du matin ou à deux heures de l'après-midi, on n'aperçoit aucune lueur.

Au contraire, si on maintient constamment la viande dans un milieu complètement obscur, la phosphorescence persiste le jour aussi bien que la nuit.

Ce phénomène indique clairement qu'il ne s'agit pas ici d'une concentration de rayons lumineux, déterminant pendant un temps plus ou moins long des vibrations qui se continuent alors que la source lumineuse a cessé d'exister. Il semblerait, au contraire, que les rayons solaires s'opposent à la phosphorescence, ce que nous chercherons à expliquer un peu plus loin.

Il ne s'agit pas non plus de la sécrétion d'un liquide phosphorescent ou fluorescent, car ce phénomène se produirait également le jour et la nuit, l'obscurité ne devenant nécessaire que pour rendre le fait palpable.

L'action des vapeurs acides et des antiseptiques, acides phénique ou salicylique, sel marin, démontre d'une façon bien évidente qu'il se passe un phénomène analogue aux fermentations.

Les éléments de cette fermentation particulière sont détruits par ceux de la fermentation putride, de la même manière que les vibrions de la putréfaction qui sont anaérobies étouffent par les bactéries du charbon.

La première altération que l'on observe sur la viande de poisson de mer en particulier est la formation d'une substance gélatineuse, à la surface de laquelle se développent les cellules que nous avons signalées, dont la teinte est d'un jaune roux. Or, il est parfaitement établi que ces mycodermes se comportent sous l'influence de la lumière comme les végétaux à feuilles vertes, c'est-à-dire qu'ils fixent le carbone de l'acide carbonique atmosphérique et mettent en liberté l'oxygène qui reste en dissolution dans le liquide où se développent ces cellules.

En sorte que, si ce liquide renferme un germe ou un ferment anaérobie, celui-ci pendant le jour est gêné dans son développement. La nuit, au contraire, les cellules végétales dégagent de l'acide carbonique qui protège le ferment animal et lui permet d'exercer son action de destruction. Ce dernier s'empare de l'oxygène des substances oxycarbonées dans lesquelles il vit, et, comme ce milieu est riche en substances phosphatées, il dégage en même temps des hydrogènes carbonés et phosphorés qui sont brûlés, au fur et à mesure qu'ils se forment, en déterminant les lueurs qui apparaissent sur la viande ; fait qui n'a rien de surprenant quand on songe au pouvoir oxydant que possèdent les ferments.

En envisageant la question à un autre point de vue, c'est-à-dire au point de vue de l'hygiène ou de l'alimentation, nos conclusions diffèrent encore de celles de M. Nuesch.

Ce savant, qui n'a examiné que la viande de boucherie, regarde comme saine la viande phosphorescente.

Tout ce que l'on peut dire, c'est qu'elle n'est pas putride ; le ferment de la putréfaction détruisant celui de la phosphorescence.

Mais ce phénomène indique un commencement de décomposition. De la viande que l'on vient de tuer ne devient jamais spontanément phosphorescente. Pour que les lueurs se produisent, il faut qu'on apporte le germe, soit à l'aide d'un autre morceau de viande, soit en se plaçant dans un milieu rempli de ces germes.

Pour le homard, les lueurs n'apparaissent qu'au moment où la viande se couvre d'un léger mucus. Ce phénomène est plus fréquent qu'on ne le croit, mais la cuisson ou une température de 80 à 90º suffisent pour le faire disparaître. Ainsi en mettant un morceau de homard phosphorescent dans une capsule placée dans un bain-marie dont on élève graduellement la température, les lueurs disparaissent bien avant que l'eau ne soit en ébullition.

Dans ce cas, les germes étant détruits, la viande peut être mangée impunément. Mais le homard est rarement cuit par le consommateur, du moins dans nos petites villes ; pour qu'il se conserve, on l'expédie tout préparé. C'est alors qu'il subit la fermentation phosphorescente. Dans ce cas, est-il nuisible ? Sans être toxique, nous croyons que bien des accidents observés après l'absorption de viande de homard se trouvent expliqués par l'introduction des germes que nous avons signalés.

Dans tous les cas il est est bien établi que la phosphorescence précède toujours la putréfaction. Celle-ci arrive plus ou moins rapidement suivant la température de l'atmosphère.

C'est pendant les fortes chaleurs de l'été et surtout pendant les temps orageux que la viande se putréfie le plus rapidement. Nous avons déjà dit que les viandes provenant d'animaux malades se décomposaient plus rapidement, mais il est d'autres causes de corruption qu'il faut passer en revue.

Les mouches par exemple sont particulièrement redoutables pour la bonne conservation des viandes.

Voici par ordre le nom de celles qui sont le plus à craindre.

1° La mouche bleue ou grosse mouche à viande (*musca vomitaria*), remarquable par sa fécondité ; c'est la mère des asticots.

2° La mouche grise ou carnassière (*musca carnaria*), encore plus grande et plus féconde que la première, mais moins fréquente.

3° La mouche ordinaire (*musca domestica*), redoutable par sa multiplicité.

4° Enfin, la mouche dorée (*musca cæsar*), qui recherche plutôt les viandes putréfiées que les viandes fraîches.

Les mouches ne font pas seulement du mal à la viande, mais leurs larves, lorsqu'elles sont en trop grande quantité dans la viande, peuvent déterminer chez l'homme des accidents qui ont été décrits par un médecin anglais, M. W. Hope.

Ces accidents seraient faciles à éviter, car il suffit de couvrir la viande d'une toile de gaze pour la préserver des mouches.

Quand leurs larves sont en petite quantité dans la viande, il suffit de les ôter ; si le nombre est trop considérable, il convient de rejeter la viande de la consommation.

VIANDES SAIGNEUSES.

La manière dont un animal est tué influe également sur la conservation de la viande.

Lorsque l'animal est saigné avant sa mort, ses vaisseaux perdent leur sang et la chair se conserve beaucoup mieux.

En effet il est établi que, plus la viande est exsangue, moins elle se corrompt facilement.

Il est toujours facile de reconnaître la viande d'un animal *non saigné*. « S'il est en quartiers, les gros vaisseaux sont pleins de sang, ordinairement coagulé ; le tissu cellulaire est rougeâtre, infiltré çà et là d'épanchements sanguins ; les séreuses splanchiques ou articulaires, les ligaments, les aponévroses, les tendons sont rougeâtres ; les muscles ont une teinte rouge foncé et exhalent une odeur acide, les poumons sont volumineux, d'un rouge ambré, ils donnent à l'incision une grande quantité de sang noir.

Sur des morceaux isolés, il est encore facile de reconnaître si l'animal n'a pas été saigné : la viande est rouge foncé, d'odeur acide : la coupe laisse écouler une quantité assez considérable de sang ; le tissu cellulaire inter-musculaire, montre de petits vaisseaux remplis de sang noirâtre.

Quand la saignée a eu lieu *après la mort*, ces caractères sont moins accusés, si l'on peut examiner de gros vaisseaux, à première vue ils paraîtront vides, mais leur incision y fera rencontrer, comme dans les cavités droites du cœur des caillots noirâtres, mollasses, aplatis, dont la consistance et le volume n'ont pas permis l'évacuation par les vaisseaux incisés pour la saignée.

Sur les morceaux pris à part, il est plus difficile d'affirmer que la saignée n'a eu lieu qu'après la mort. »

Plus la saignée a été tardive, plus la viande est noire,

imbibée de sang, plus sa consistance est molle, son odeur forte et acide, plus enfin elle s'altère avec rapidité.

Il est une dernière cause de décomposition de la viande, je veux parler du surmenage des animaux. Cette question a soulevé un procès et ensuite un débat auquel j'ai pris part et que je vais résumer.

En 1878, un honorable maire, condamné en police correctionnelle à six mois de prison et à 25 francs pour avoir expédié à Paris des viandes corrompues fut acquitté en appel à la suite d'une consultation rédigée par le savant inspecteur des écoles vétérinaires, M. Bouley.

Le 27 avril 1878, un veau de deux mois échappé de son étable s'était livré à une course insensée qui amena un épuisement complet. Le propriétaire, craignant de perdre l'animal, l'avait saigné, puis expédié à Paris.

La viande en arrivant était corrompue, flasque, excessivement molle. Tout l'intérieur était livide, cadavéreux ; les plèvres et le péritoine étaient enflammées à la section, la viande était comme acide et d'une couleur terreuse.

« A tous ces caractères, est-il dit au procès-verbal, nous avons reconnu que l'animal était malade et insalubre. »

M. Bouley, de son côté, affirma que la viande du veau s'était altérée rapidement parce que l'animal était mort *forcé, surmené.*

La communication du savant académicien frappa toutes les personnes s'occupant d'hygiène publique et de médecine légale. Aussi a-t-elle donné lieu à plusieurs travaux, parmi lesquels il convient de signaler une note publiée par M. Léon Fournol, dans le *Journal d'hygiène* du 31 octobre 1878.

« Le lièvre forcé, dit-il, a la chair très molle, noire, s'écharpant en fibres courtes, comme si la viande était très avancée, et, de plus, il a sans contredit un goût et une odeur d'urine assez accentués. Or, non-seulement la fibre musculaire qui travaille devient riche en créatine, créatinine, etc., substances facilement décomposables ; mais dans l'économie, tout travail, musculaire, cérébral, respiratoire, produit de l'urée et de l'acide urique que les urines ne peuvent éliminer pendant la course et que la sueur n'élimine qu'à la suite d'une transformation lente en acide sudorique, caprylique, etc. etc. Or, l'excès énorme de travail respiratoire, musculaire et même cérébral, que l'on impose au lièvre, le rend tout simplement urémique et il succombe surtout à l'intoxication urique. De là cette saveur urineuse et sa décomposion rapide. »

A là suite de cette note j'ai publié l'observation suivante :

Le *Journal d'hygiène* du 31 octobre contient deux articles fort intéressants sur les viandes de boucherie.

Parmi les causes qni détériorent et rendent mauvaise la viande des animaux morts surmenés, il en est une des plus importantes qui n'est pas signalée et que je demande la permission d'indiquer sommairement. A l'état normal, les liquides qni baignent les muscles sont alcalins ; mais, par suite d'exercices exagérés, ile deviennent acides, ce qui est dû à la formation d'une certaine quantité d'acide lactique. Le fait a été établi par M. Ranc, qui a prouvé expérimentalement qu'il sufiît, pour produire les effets de la fatigue, d'injecter de l'acide lactique dans le tissu musculaire ; en sorte que, d'après M. Heidenhair, le degré d'acidité du muscle mesure l'intensité du travail effectué et des actions chimiques qui l'ont provoqué. Dans cet ordre d'idées, pour rendre aux muscles leur souplesse, le repos ne suffirait pas, si en même temps le sang chargé d'oxygène ne venait brûler l'acide lactique ; cette circonstance justifie la pratique de ne tuer les animaux de boucherie qu'après un certain temps de repos.

On comprend également que la viande d'un animal surmené, surpris par la mort, présente des caractères autres que ceux de la viande d'un animal sain, tué à l'état de repos.

Effectivement l'acide lactique, sous l'influence d'une température appropriée, produit bientôt une sorte de digestion artificielle qui modifie l'aspect et la consistance de la viande.

En outre l'acide lactique, en présence des matières organiques et des sels calcaires que renferment les susdites viandes, amène la fermentation butyrique qui leur donne alors une odeur infecte.

Le papier de tournesol pourrait donc devenir un réactif

utile pour les inspecteurs de boucherie ; mais il ne faut pas
oublier que les matières animales, en se putréfiant, subissent
la fermentation ammoniacale et que, dès lors, l'acide lactique peut se trouver neutralisé au bout de peu de temps.

Rappelons en terminant que le bouillon fait avec des
viandes surmenées acquiert toujours un goût aigre, acide,
qu'il se conserve difficilement.

M. Léon Fournol, dans une thèse très-intéressante, a
bien voulu signaler mon observation, sans toutefois partager ma manière de voir.

Il n'accepte même plus les idées émises dans son premier
travail et cherche à les réfuter.

« La chimie, dit-il, joue certainement un rôle très-impor-
tant dans l'étude de la physiologie, mais souvent elle veut
trop trouver et trop prouver. »

Partant de là, ce n'est plus à l'intoxication urémique
qu'il attribue la mort et la décomposition des animaux surmenés.

D'après ce savant, lorsque l'animal succombe à une mort
ordinaire, les centres nerveux conservent encore un reste de
vitalité, tandis que chez l'animal surmené ou foudroyé, les
centres nerveux sont tués tellement instantanément que ce
sont eux qui entraînent la mort musculaire. Or s'il est vrai de
dire que les ferments figurés et les ferments solubles ne peuvent acquérir toute leur liberté d'action qu'à partir du moment où aucune force vitale ne les entravera plus, on
comprendra comment, chez l'animal surmené ou foudroyé,
les centres nerveux étant tués les premiers, la mort réelle,
absolue, existant dès le début, ces ferments pourront presque instantanément se répandre dans l'organisme et *opérer*
leur désagrégation des tissus.

Pour appuyer sa thèse, M. Léon Fournol pose comme bien
établis les principes suivants :

1° Les phénomènes de rigidité et de décomposition dé-
pendent de l'épuisement nerveux, et non d'agents chimiques,
car les poisons n'ont pas d'action directe sur le sang ; en
sorte qu'il est impossible, à moins de renoncer à la logique
et aux lois les mieux établies de la physiologie, de ne pas

reconnaître que ce sont les nerfs qui sont les premiers intéressés dans toute action chimique ou électrique se passant dans l'économie.

2° L'animal en pleine santé, qu'il soit foudroyé par la bobine de Rhumkorff, ou par la section du pneumogastrique, suivie de l'excitation violente du bout central, qu'il ait succombé à la piqûre du nœud vital ou à toute autre manœuvre foudroyante, est corrompu facilement.

« Or, peut-on dire avec quelque semblant de raison que l'état chimique des muscles de ces animaux est cause de leur décomposition? Personne n'osera le soutenir. »

Je ferai rentrer sans effort dans la même catégorie les cadavres des animaux ou des hommes tués par la foudre, et de ceux qui succombent à un grand traumatisme, à une commotion violente, sans lésions apparentes, comme les mineurs frappés du feu grisou.

« En un mot, dit M. Fournol, sachant que les corps de tous ces sujets se font remarquer en même temps par une grande rigidité instantanée et par une décomposition rapide; j'affirme que cette décomposition dont je m'occupe en ce moment n'est pas sous la dépendance des transformations chimiques survenues dans les muscles, à moins que l'on ne veuille admettre que ces transformations se font avec la rapidité de la foudre, ce qui pourrait clore la discussion, sans doute, mais ce qui en même temps est absolument inadmissible. »

Bien que cette théorie semble partagée par M. Paul Bert, puisque M. Léon Fournol appelle la discussion sur ce sujet, je me permettrai de faire quelques observations.

Je crois tout d'abord qu'il est important de séparer la rigidité cadavérique de la décomposition de la viande, ce sont là des phénomènes d'ordres différents qui peuvent être dus à des causes variées.

Je laisserai de côté la rigidité cadavérique pour ne m'occuper que de la putréfaction.

Je vais donc passer en revue les principaux arguments de M. Fournol.

1° Tous les agents chimiques, en passant dans l'économie,

agissent-ils simplement sur le système nerveux ? Sans doute la morphine, l'atropine exercent une action nerveuse, mais les acides, les alcalins, les chlorures, les iodures agissent directement sur le sang.

2° Sans doute lorsque le cœur s'arrête, lorsqu'un individu est considéré comme mort, les phénomènes chimiques de combustion s'opèrent encore dans l'organisme dont les éléments anatomiques continuent de jouir pendant un certain temps d'une vie végétative ; sans doute il y a production de chaleur tant que l'oxygène encore fixé sur l'hémoglobine n'est pas complètement consommé.

Mais cette vie végétative est-elle de longue durée ? retarde-t-elle de beaucoup les phénomènes de putréfaction ? Il est permis d'en douter.

D'un autre côté, je crois qu'on ne peut comparer la mort due au surmenage à celle produite par une manœuvre foudroyante. Du reste les morts foudroyantes ne sont pas toutes identiques, toutes ne détruisent pas instantanément la vie végétative.

La peur, par exemple, ne peut à elle seule produire ce résultat. Il faut donc chercher une autre cause à la décomposition rapide de la viande.

Lorsque l'homme ou l'animal succombe à la suite d'une maladie longue, il est épuisé, anémique, il manque de sang et bien des fois les muscles sont desséchés, comme parcheminés ; dans ce cas les ferments ont moins de prise, la décomposition est plus lente.

Quand au contraire ils tombent foudroyés en pleine santé, les vaisseaux sont remplis de sang, les muscles sont humectés de fluides fermentescibles ; dès lors les ferments trouvent dans l'économie un milieu propre à leur développement ; aussi, la putréfaction arrive-t-elle rapidement.

Dans les deux cas, les cadavres pourraient être comparés à ceux des animaux vidés et non vidés ; les uns se putréfiant avec lenteur, les autres avec beaucoup plus de rapidité.

Un exemple le prouvera : comparez la viande d'une boucherie catholique avec celle d'une boucherie juive ; la première se conserve beaucoup moins longtemps que l'autre, cependant toutes deux proviennent d'animaux ayant succombé à une mort violente.

Mais tandis que le boucher assomme, le sacrificateur saigne l'animal. Dans le premier cas, le sang remplit les vaisseaux ; dans le second cas, il a jailli des veines. C'est tellement vrai que les parties antérieures du corps qui sont plus complètement privées de sang se conservent beaucoup mieux que les autres. Telle est la cause de cette loi de Moïse qui défend à son peuple l'usage des parties basses de l'animal. Prescription qui n'a pas sa raison d'être dans nos contrées, mais essentiellement hygiénique pour les pays chauds.

La présence du sang dans le corps de l'animal hâte donc sa putréfaction ; il en est de même d'un excès de liquides pathologiques au milieu des muscles.

Or pendant le surmenage les phénomènes d'oxydation étant très rapides, les produits de décomposition sont abondants et l'élimination est très incomplète. Aussi lorsque la mort arrive dans ces conditions, la putréfaction doit être d'autant plus rapide que les muscles par le relâchement ont déjà subi des modifications physiques.

J'ai tenu à prouver expérimentalement cette assertion.

La putréfaction est un phénomène chimique s'accomplissant sous l'influence d'actions physiologiques. On peut donc comparer les réactions chimiques de la putréfaction avec d'autres. J'ai voulu utiliser pour cette démonstration la propriété d'absorber l'iode que possèdent les matières albuminoïdes et extractives de la viande.

Pour cela j'ai préparé une solution titrée formée de :

$$
\begin{aligned}
&\text{Iode} \dots\dots\dots\dots\dots\dots && 1 \\
&\text{Iodure de potassium} \dots && 5 \\
&\text{Eau} \dots\dots\dots\dots\dots\dots && 200
\end{aligned}
$$

J'ai eu soin également de n'opérer qu'avec une préparation récente, le titre de la solution pouvant s'altérer sous l'influence de l'air et de la lumière.

Cinq grammes de différentes viandes fraîches, hachées et placées dans des flacons à l'émeri d'égales grandeurs, ont été traitées par 10 centièmes de la solution iodée. Au bout de 48 heures l'iode était absorbée par la viande de quelques-uns de ces flacons ; il y en avait encore en liberté dans les autres.

Cet excédent a été dosé à l'aide d'une solution potassique telle que 10 centièmes décoloraient rapidement 10 centièmes de solution iodée.

C'est ainsi que j'ai pu établir le tableau suivant :

La viande de porc	absorbe 0,05	d'iode en 30 heures.
— de veau	— 0,05	— en 48 —
— de bœuf de 5 ans	— 0,0245	— en — —
— de mouton de 3 ans	— 0,0245	— en — —
— de génisse de 3 ans	— 0,025	— en — —
— d'agneau	— 0,025	— en — —
— de cabri	— 0,025	— en — —
— de poisson	— 0,025	— en — —
— de lapin	, — 0,025 ↓ — en — —

Après cette analyse, l'examen microscopique des fibres musculaires a donné à l'aide du micromètre les résultats qui suivent :

						mm.
Les faisceaux primitifs des muscles d'un bœuf de 5 ans			mesurent en moyenne	0,070.
— — —	d'une génisse de 3 ans	—	—	0,056.
— — —	d'un veau de 6 semaines	—	—	0,030.
— — —	d'un lapin	—	—	0,056.
— — —	d'un porc	—	—	0,084.
— — —	d'un poisson	—	—	0,098.
— — —	d'un mouton	—	—	0,070.
— — —	d'un agneau	—	—	0,056.
— — —	d'un cabri	—	—	0,028.

Mais on fait d'autres remarques importantes.

Les faisceaux du bœuf	sont compactes et d'un brun rouge.
— de la génisse	— — mais moins foncés.
— du veau	— peu transparents et jaunes.
— du lapin	— transparents et blanchâtres.
— du porc	— — —
— du poisson	— — — comme rubanés et accompagnés de petits cristaux prismatiques.
— du mouton	— opaque et jaune rouge.
— du cabri	— — — mais moins foncé.
— de l'agneau	— — — —

D'après ce qui précède on peut attribuer la plus ou moins grande quantité d'iode absorbée au diamètre des faisceaux et à leur densité.

Or dans un muscle, plus le nombre des faisceaux est multiplié, plus les liquides qui les baignent sont abondants. Aussi pour les animaux d'espèces analogues, bœuf, génisse, veau, mouton, cabri, agneau, plus le diamètre des faisceaux est considérable, moins il y a d'iode absorbé.

Mais les fluides absorbants ne sont pas seulement à la surface du faisceau, la masse elle-même en est plus ou moins imprégnée, suivant que la fibre est plus ou moins dense, plus ou moins compacte ; c'est pour cela que les viandes blanches du veau et du porc absorbent plus d'iode que celles du bœuf et du mouton. Il est facile de prouver que l'action chimique se porte bien sur les liquides de la viande. En effet, si on extrait la partie fluide par compression, on remarque que la matière fibrineuse, bien lavée, ne renferme point d'iode, tandis qu'on retrouve au contraire ce métalloïde dans le soluté. En précipitant celui-ci par l'alcool on élimine de l'albumine non iodée, et c'est encore le liquide qui renferme l'iode.

Lorsqu'on répète l'expérience avec l'aide de la chaleur, en maintenant le bouchon de la bouteille par une ficelle, on peut arriver à faire absorber 0⁙,30 d'iode à 5 grammes de viande, mais alors les faisceaux sont décomposés non seulement en leurs fibres primitives, mais en leurs éléments (*sarcous elements*) ; il y a en outre production de peptone, de gélatine et d'acide iodhydrique.

Mais je ne veux pas aller plus loin, m'étant simplement proposé d'établir que c'est surtout à la quantité de fluide pathologique que sont dus les phénomènes chimiques de la putréfaction.

Toutefois, si je ne suis pas d'accord sur ce point avec M. Léon Fournol, je crois avec lui que les phénomènes de contraction musculaire sont surtout sous la dépendance de l'action nerveuse.

Cette excitation détermine une sécrétion surabondante de produits pathologiques qui, ne pouvant être éliminés, produisent à leur tour et sans aucun doute des phénomènes nerveux et dans tous les cas amènent la putréfaction.

Enfin, de cette discussion, on peut tirer comme conclusion pratique, que l'examen des viandes dans les abattoirs est souvent fort délicat et ne devrait être confié qu'à des vétérinaires expérimentés.

Cette note doit former le 4e chapitre d'un travail sur la viande et l'alimentation animale qui fera suite à nos livres sur le vin, le lait, la crème et le beurre, le café, la bière et le tabac.